APPAREILS & INSTRUMENTS DE PHYSIOLOGIE

DU. PROF. MAREY

PHYSIOLOGICAL INSTRUMENTS

PHYSIOLOGISCHE INSTRUMENTE UND APPARATE

VON PROF. MAREY

— EXTRAIT DU CATALOGUE ILLUSTRÉ —

DIXIÈME PARTIE

APPAREILS & INSTRUMENTS DE PHYSIOLOGIE

DU PROF. MAREY

PHYSIOLOGICAL INSTRUMENTS

PHYSIOLOGISCHE INSTRUMENTE UND APPARATE

VON PROF. MAREY

La plupart de ces appareils ont reçu divers perfectionnements depuis l'exécution des dessins ci-après.

The greatest part of these instruments have been improved after the under figures were executed

DIE MEISTEN DIESER APPARATE HABEN SEIT DER ANFERTIGUNG DER FOLGENDEN FIGUREN MANNICHFACHE VERVOLLKOMMNUNGEN ERFAHREN

Sphygmographe avec étui en maroquin (fig. 1).	150 00
Papier glacé préparé en bandes pour le sphygmographe, un paquet de mille bandes.	10 00

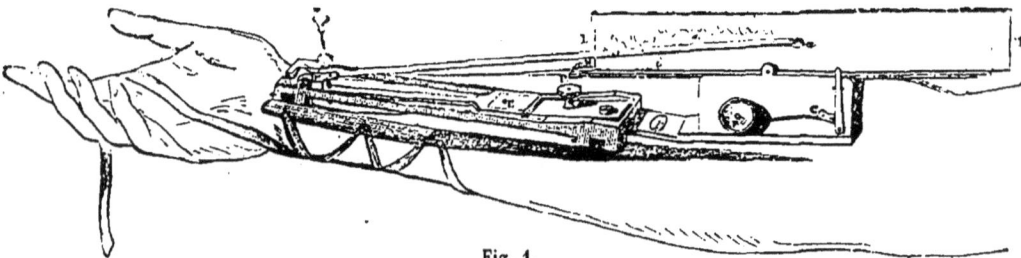

Fig. 1.

Sphygmograph in morocco case.	£ 5. 4. 0
Prepared paper for said inst. per 1,000 bands.	0. 8. 0
SPHYGMOGRAPH MIT MAROQUIN ETUI (FIG. 1)	52 fl. 00 kr.
PRÄPARIRTES GLANZPAPIER FÜR DEN SPHYGMOGRAPHEN, EIN PACKET VON TAUSEND STREIFEN.	4 00

Les formes du pouls obtenues au moyen de cet appareil sont d'une extrème variété, comme on peut en juger par les types ci-joints (fig. 2, 3, 4, 5).

Fig. 2. Insuffisance mitrale.
INSUFFICIENZ DER MITRAL KLAPPE.

Fig. 3. Colique de plomb.
BLEIKOLIK.

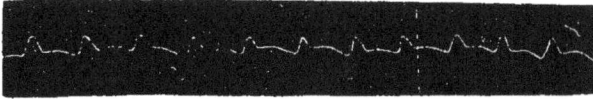

Fig. 4. Emphysème pulmonaire.
LUNGENEMPHYSEM.

Fig. 5. État sénile des artères.
SENILER ZUSTAND DER ARTERIEN.

The figures of pulsations obtained by means of this instrument offer great variety, as may be seen by the above specimens.

DIE FORMEN DER MITTELST DIESES APPARATES ERHALTENEN REGISTRIRUNGEN SIND UNGEMEIN VERSCHIEDEN, WIE MAN AUS FIGUREN 2, 3, 4, 5, ERSEHEN KANN.

Tambour à levier.	50 00
Tube et soupape.	5 00
Pied pour ledit.	10 00
Lever drum (fig. 6).	£ 2. 0. 0
Stand for same..	0. 8. 0
HEBELTROMMEL.	20 fl. 00 kr.
FUSS HIEZU.	4 00

Le Tambour à levier (fig. 6) sert à enregistrer tous les mouvements qui lui sont transmis par les divers appareils explorateurs. La pointe de son levier écrit sur toute espèce de surfaces : sur le papier glacé avec l'encre ordinaire, et sur le papier ou le verre enfumés, avec une pointe sèche.

The drum lever is used to register all motions which it receives from the different exploring apparati. The point of the lever traces on any kind of surface; on common paper with ordinary ink; on smoked glass or paper with a dry point.

DIE HEBELTROMMEL (FIG. 6) DIENT ZUM REGISTRIREN ALLER BEWEGUNGEN DER VERSCHIEDENEN UNTERSUCHUNGS APPARATE. DIE SPITZE IHRES HEBELS SCHREIBT AUF JEDE ART VON FLÄCHEN : AUF DAS GLASIRTE PAPIER MIT GEWÖHNLICHER TINTE, UND AUF BERUSSTES PAPIER ODER GLAS MIT EINER TROCKENEN SPITZE.

Fig. 6.

Transmission d'un mouvement rectiligne au moyen de deux tambours à levier réunis par un même tube à air.

Le tambour situé au premier plan dans la figure peut être considéré comme l'appareil manipulateur ; le tambour éloigné comme l'appareil récepteur inscrivant.

Tout mouvement dans le sens vertical, imprimé au premier levier, produit dans la caisse du tambour une compression ou une raréfaction de l'air; cet effet se transmet par le tube à l'air du second tambour, dont le levier se déplace. Le levier manipulateur et le levier récepteur agissent en sens inverse l'un de l'autre; pour obtenir des mouvements de même sens, il faut renverser l'un des deux tambours, de façon que sa membrure soit tournée en bas.

La figure 19 montre comment, au moyen d'un simple fil, on peut transmettre au levier manipulateur un mouvement rectiligne. A cet effet, au-dessus de l'appareil est une potence portant un ressort boudin qui tend à soulever le levier auquel il est attaché. Un fil rigide, attaché également à ce levier, est représenté au moment où l'expérimentateur le tient et tire sur lui verticalement. Quand on tire sur le fil et qu'on abaisse le levier, le ressort se tend ; quand on tire moins fort sur le fil, le levier remonte par l'action du ressort. Ainsi, le fil relié à un point matériel dont on étudie les mouvements dans le sens vertical transmet fidèlement ce mouvement jusqu'à l'appareil inscripteur.

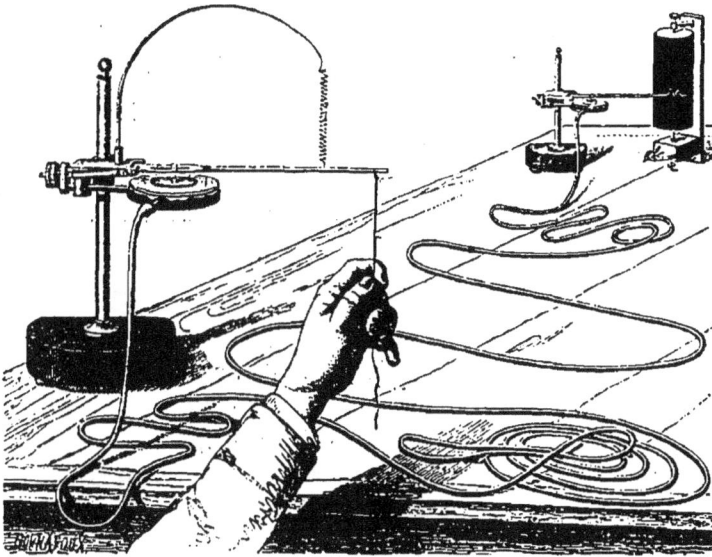

Fig. 10.

Si l'on voulait obtenir en même temps la courbe des mouvements qui s'effectuent dans le sens horizontal, il suffirait d'employer un second système de tambours à levier conjugués, dont le fil manipulateur exécuterait sa traction dans le sens horizontal.

Enfin, pour inscrire les mouvements dans les trois dimensions, on devrait se servir d'un troisième système de tambours, dont le fil serait perpendiculaire aux deux précédents.

Appareil de vérification de Donders 90 00

Enregistreur universel (avec régulateur Foucault), composé de :

    Cylindre avec régulateur (fig. 12) 600 00

    Chemin de fer. . . . ⎱
                             (fig. 14) 380 00
    Chariot automoteur . ⎰

Universal Recorder (with Foucault's governor), consisting of:

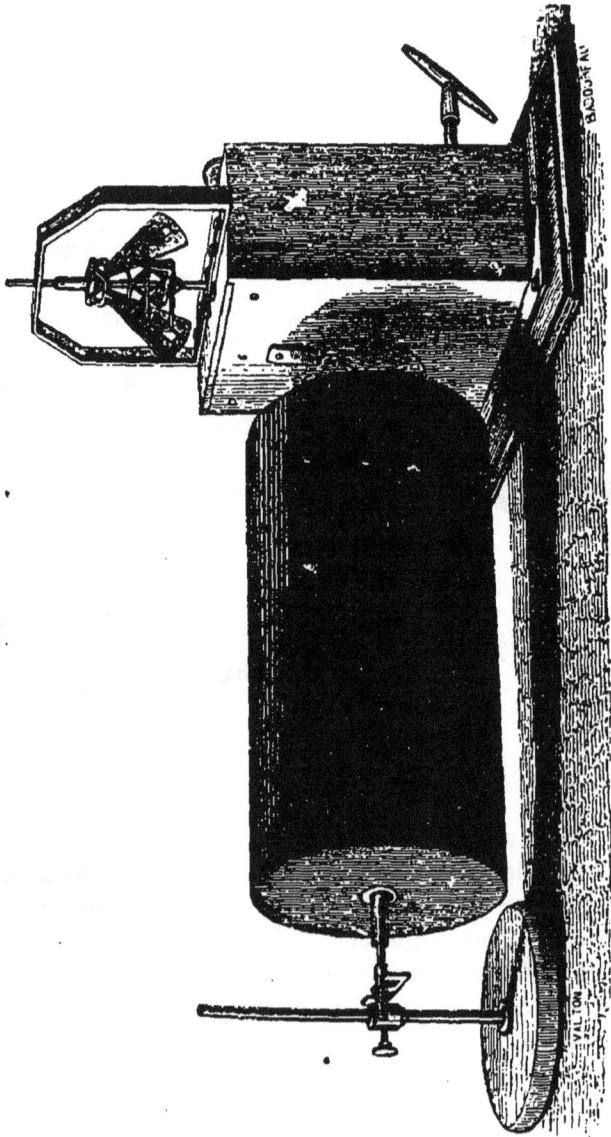

Fig. 12.

Cylinder and governor (fig. 12) . . . . £ 24. 0. 0.
Guide rails . . . . . . } (fig. 14) 15. 4. 0
Self moving chariot . . }

Universal Registrir Apparat mit Foucault'schem Regulator,
bestehend aus :

Einem Cylinder mit Regulator (fig. 12). . . . . . . 240 fl. 00 kr.
Dem Automotorischen Wagen. }
Der Eisenbahn . . . . } (fig. 14). 152 00

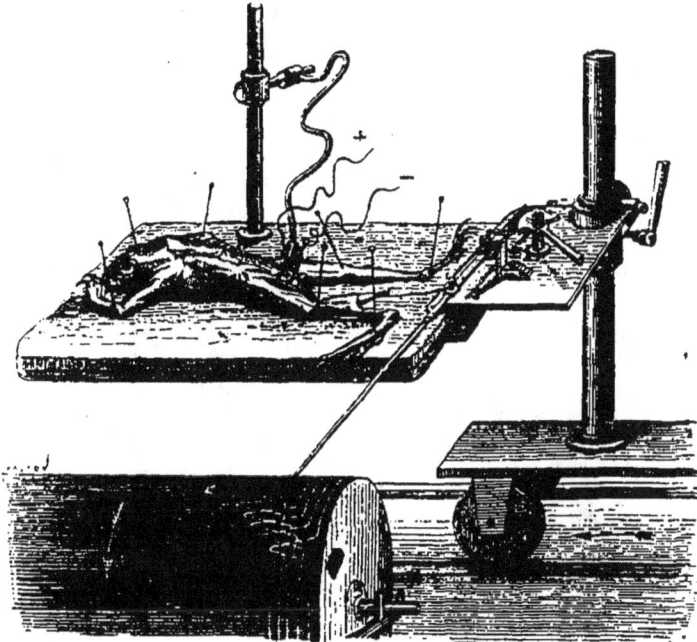

Fig. 14.

Dans la disposition nouvelle, le cylindre peut s'adapter sur les différents axes du moteur et tourner avec trois vitesses différentes ; en outre, il peut prendre la position verticale, ce qui est indispensable pour certaines expériences.

In the new instruments, the cylinder may be moved by the various axles of the clockwork and consequently may revolve with three different speeds. It may be placed vertical, what is necessary for some experiments.

Bei der neuen Einrichtung ist der Cylinder so eingerichtet, dass er an den verschiedenen Achsen des Motors angebracht werden kann ; ausserdem kann er in die verticale Lage gebracht werden, was für gewisse Untersuchungen nothwendig ist.

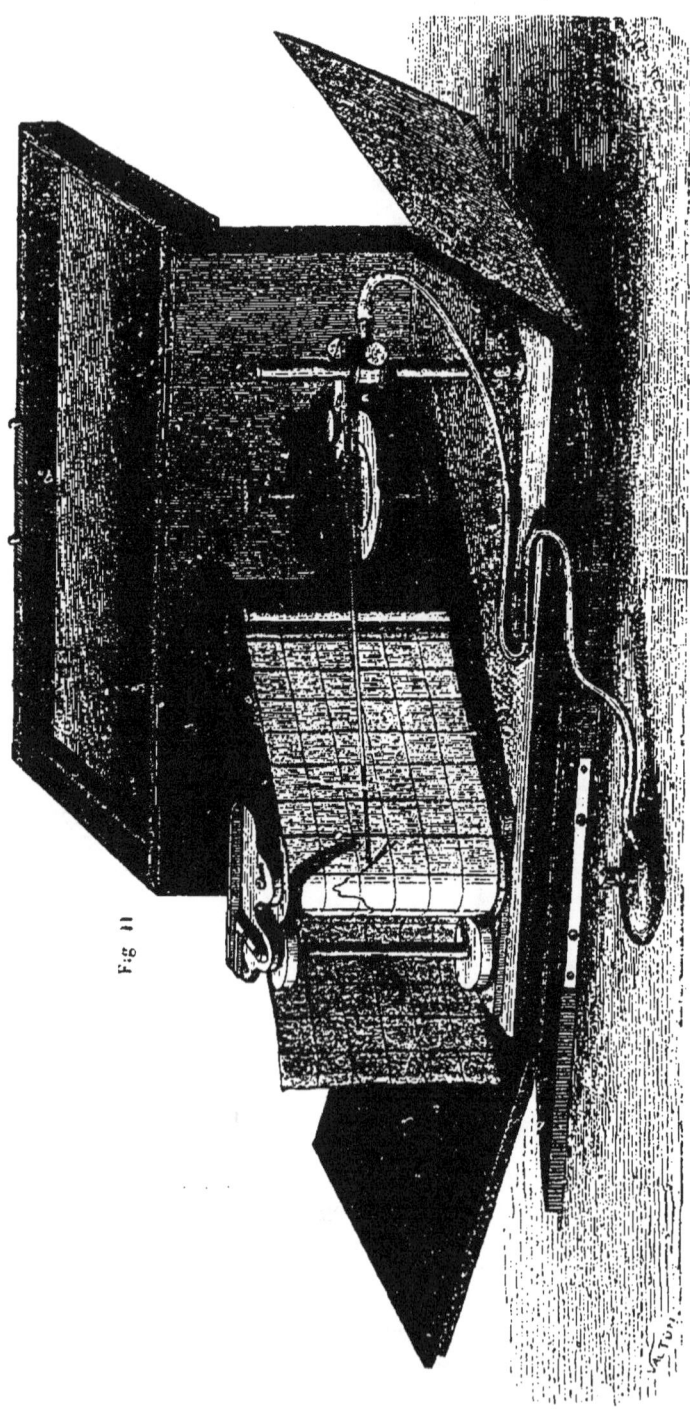

Fig. 11

Grand enregistreur universel avec régulateur de Villarceau.   2000 00
Large universal recorder with Villarceau's governor. . .   £ 80. 0. 0
Grosses universal Registrir apparat mit Villarceau'schem
regulator. . . . . 800 fl. 00 kr.

Enregistreur simple, avec régulateur à lame tournante de
Hughes. 500 00
Simple recorder, with a vibrating spring as a governor. .   £ 12. 0. 0
Einfacher Registrirapparat mit Hughes'schem Regulator. 120 fl. 00 kr.

Polygraphe avec 1 seul tambour (fig. 11). 570 00
Polygraph (fig. 11) with one leverdrum. . . . .   £ 25. 0. 0
Polygraph mit 1 trommel. . . . . 250 fl. 00 kr.

Un mouvement d'horlogerie fait défiler une longue bande de papier
enroulée sur une bobine. Un ou plusieurs tambours à levier écrivent les
mouvements qui leur sont transmis.

*A clockwork moves a long band of paper enroled on a reel. One or
several leverdrums trace any motion communicated to them.*

Ein Uhrwerk lässt einen langen papierstreifen, der auf eine Rolle
aufgewickelt ist, ablaufen. Eine oder mehrere Hebeltrommeln schreiben
die auf sie übertragenen bewegungen auf.

Appareil pour les projections optiques.   540
Diapason à 100 vibrations doubles par seconde. 70 00
Tuning fork making 100 vibrations per second. . . . . .   £ 2. 16. 0
Stimmgabel von 100 V. D. . . . . 28 fl. 00 kr.

Support pour ledit. 60 00
Stand for the same. . . . .   £ 2. 8. 0
Fuss hiezu. . . . . 24 fl. 00 kr.

Chronographe électrique de Marey (fig. 20). 200 00
Marey's electric chronograph. . . . .   £ 8. 0. 0
Marey's elektrischer Chronograph . . . . 20 fl. 00 kr.

L'emploi direct du diapason pour inscrire sur un cylindre est toujours
gênant à cause du volume et du poids de l'instrument; quelquefois même
il est impossible, lorsqu'il faut, par exemple, que le style se déplace en
traçant sur une surface immobile.

Le chronographe de Marey, dans sa forme la plus simple (fig. 20), se
réduit à un style de 5 centimètres de longueur, vibrant 100 ou 200 fois par

seconde au bout d'un manche que l'on tient à la main. Un cordon à double fil conducteur relie ce chronographe à un diapason interrupteur et à une petite pile ; ces appareils peuvent être placés à toute distance et n'encombrent pas la table d'expériences. Quand on veut se servir de l'instrument, on le prend par son manche et l'on appuie le style au point où l'on veut écrire les vibrations du chronographe.

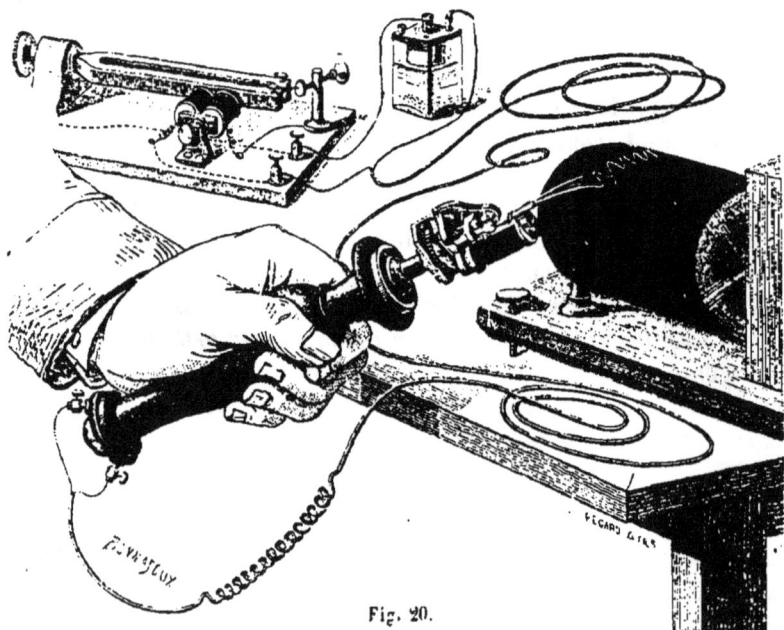

Fig. 20.

Sur le trajet du même courant, on peut appliquer deux chronographes semblables qui permettent à deux expérimentateurs placés à distance d'inscrire synchroniquement le centième de seconde.

Le chronographe peut être établi sur un pied lorsqu'il doit servir à des expériences de longue durée. On peut, au moyen d'un second électro-aimant, approcher le style du cylindre et ne le faire tracer qu'au moment où cela est nécessaire.

La figure 21 montre la disposition de ce chronographe à support. Les fils électriques apparents dans cette figure sont dissimulés à l'intérieur du support et se rendent à des bornes numérotées.

La figure 22 montre la disposition générale des piles, du chronographe inscrivant et du diapason interrupteur, qui est mis en mouvement au moyen d'un archet. Il est plus simple de se servir d'un interrupteur électro-magnétique, au moyen duquel le chronographe est entretenu indéfiniment en vibration.

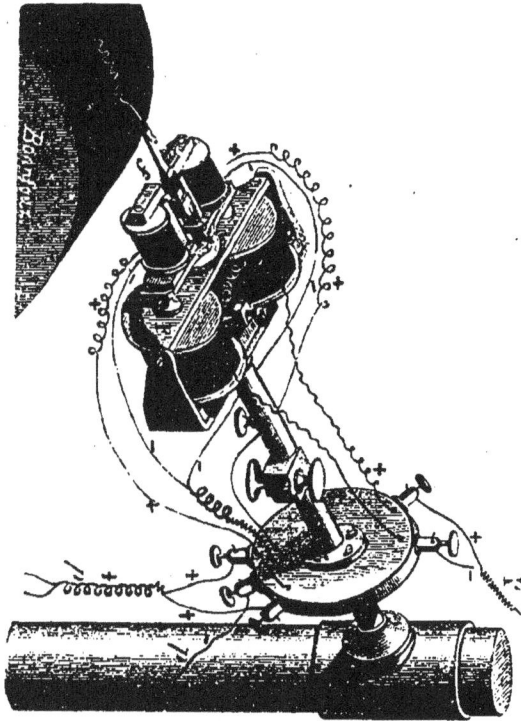

Fig. 21.

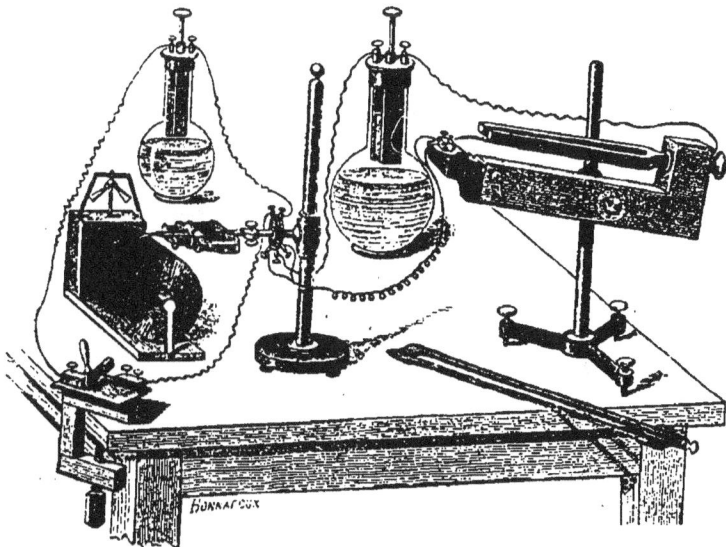

Fig. 22.

Interrupteur électrique rotatif (fig. 15). 120 00
Rotating electric breaker. . . . .   £ 4. 16. 0
ROTIRENDER ELEKTRISCHER INTERRUPTOR. . . . .   48 fl. 00 kr.

Cet appareil reçoit son mouvement de la rotation du cylindre; il ne transmet à l'animal que des courants induits de rupture dont les effets sont comparables entre eux. Cet interrupteur permet seul d'imbriquer les secousses musculaires dans un tracé, de façon qu'elles ne se confondent pas entre elles et que l'expérience puisse se prolonger pendant très-longtemps.

Fig. 15.

DIESER APPARAT ERHÄLT SEINE BEWEGUNG DURCH DIE ROTATION DES CYLINDERS UND ÜBERTRÄGT AUF DAS THIER BLOS DIE INDUCIRTEN ÖFFNUNGSSTRÖME, DEREN WIRKUNGEN MIT EINANDER VERGLEICHEN WERDEN KÖNNEN. DIESER INTERRUPTOR GESTATTET ALLEIN DIE MUSKELSTÖSSE OHNE CONFUSION ZU REGISTRIREN, UND LÄSST SICH DAMIT DER VERSUCH LÄNGERE ZEIT HINDURCH FORTSETZEN.

Fig. 7.

Sphygmoscope (fig. 7). 10 00
Sphygmoscope. . . . .   £ 0. 8. 0
SPHYGMOSKOP. . . . .   4 fl. 00 kr.

Le sphygmoscope (fig. 7) se met en rapport par son robinet C avec l'artère, et par le tube terminal TS avec le tambour à levier.

The sphygmoscope communicates by the cock C with the artery and by the tube TS with the Leverdrum.

DAS SPHYGMOSKOP (FIG. 7) WIRD DURCH SEINEN HAHN C MIT DER ARTERIE UND DURCH DAS ROHR TS AM ANDEREN ENDE MIT DER HEBELTROMMEL IN VERBINDUNG GESETZT.

Cardioscope (fig. 8) avec tube et soupape. 60 00
    Appareil explorateur de la pulsation du cœur chez l'homme et les animaux.

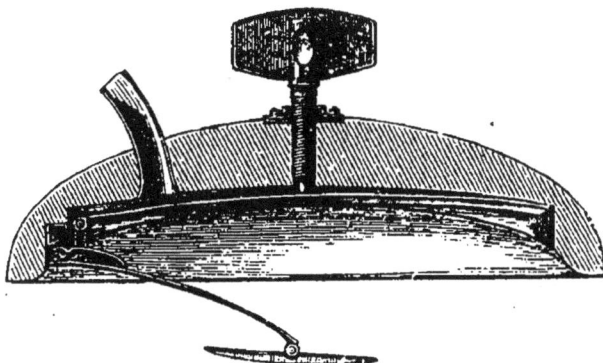

Fig. 8. Coupe de l'appareil.
Section of cardioscope.
DURCHSCHNITT DES APPARATES.

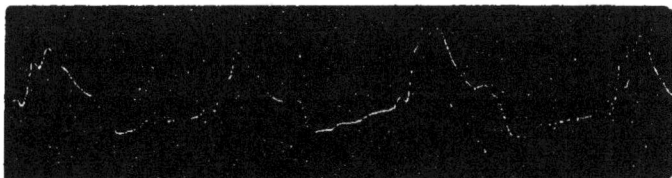

Fig. 9. Tracé du battement du cœur de l'homme.
Tracing of pulsation of human heart.
REGISTRIRUNG DES HERZSCHLAGES BEIM MENSCHEN.

Cardioscope with tube and valve. . . . .   £ 1. 8. 0
    Exploring apparatus; applied to the beating of heart, both in man and in animals.

CARDIOSKOP MIT RÖHRE UND VENTIL. . . . .   14 fl. 00 kr.
    UNTERSUCHUNGS APPARAT FÜR DEN HERZSCHLAG BEIM MENSCHEN UND DEN THIEREN.

SONDES CARDIAQUES POUR LE CHEVAL
CARDIACAL PROBE FOR HORSES
SONDEN FÜR DEN HERZSCHLAG BEIM PFERDE

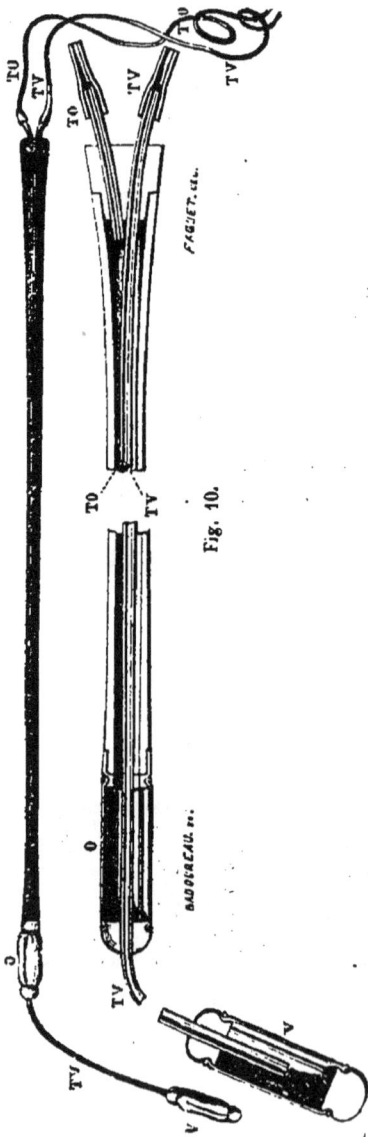

Fig. 10.

1° Sonde cardiaque droite (fig. 10), destinée à pénétrer dans le cœur droit par la veine jugulaire et à transmettre aux leviers les mouvements de l'oreillette et du ventricule droits;

2° Une sonde analogue pénétrant dans le cœur gauche par la carotide, sonde cardiaque gauche;

3° Une ampoule destinée à percevoir les pressions négatives dans les cavités du cœur.

1. Sonde für das rechte Herz (fig. 10) bestimmt um durch die Jugularvene in das rechte Herz einzudringen und die Bewegungen des rechten Herzohres und der rechten Ventrikel auf die Hebel zu übertragen.

2. Eine analoge Sonde, die in das linke Herz durch die Carotiden eindringt; Sonde für das linke Herz.

3. Eine Ampule, die dazu bestimmt ist, die negativen Drucke in den Herzhöhlungen aufzunehmen.

Sonde cardiaque droite............................	50 00
— gauche................................	6 00
Ampoule pour les pressions négatives.............	5 00
Étui...	15 00

Right cardiacal probe. . . . . £ 2. 0. 0
Left   — 0. 4. 0
Blister for negative pressure. 0. 4. 0
Morocco case. 0. 12. 0
SONDE FÜR DAS RECHTE HERZ. . . . . 20 fl. 00 kr.
    —   LINKE — 2   00
AMPULE FÜR DIE NEGATIVEN DRUCKE 2   00
MAROQUIN ETUI. 6   00

Appareil cardiographique de MM. Chauveau et Marey.
Cardiographical apparatus by Chauveau and Marey.
CARDIOGRAPHISCHER APPARAT VON CHAUVEAU UND MAREY.

    Cet appareil, destiné aux expériences de cardiographie
sur les grands animaux, se compose de :
        Trois tambours à leviers montés sur un pied. . . . 160 00
        Les sondes cardiaques et ampoule. 60 00
        Un explorateur de la pulsation du cœur. 55 00
et d'un enregistreur quelconque pour recevoir les tracés,
c'est-à-dire un Kymographion de Ludwig, un Polygraphe
de Marey (fig. 11) ou un cylindre enregistreur (fig. 12).

    DIESER APPARAT, DER FÜR CARDIOGRAPHISCHE UNTERSU-
CHUNGEN AN DEN GROSSEN THIEREN BESTIMMT IST, BESTEHT AUS :
        DREI AUF EINEN FUSS MONTIRTEN HEBELTRÖMMELN. . . 64 fl. 00 kr.
        DEN HERZ SONDEN UND AMPULE. 24   00
        EINEM UNTERSUCHUNGSAPPARAT FÜR DEN HERZSCHLAG. . 14   00
UND EINEM REGISTRIR APPARATE, SEY DIES DAS KYMOGRAPHION
VON LUDWIG, ODER EIN POLYGRAPH VON MAREY (FIG. 11), ODER
EIN MIT EINEM FOUCAULT'SCHEM REGULATOR VERSEHENER CYLIN-
DER (FIG. 12).

Fig. 15. Tracés du myographe simple imbriqués latéralement.
Tracings of single Myograph.
REGISTRIRUNGEN DES EINFACHEN MYOGRAPHEN. ◆

Myographe simple 120 00
Single myograph. . . . . £ 4. 16. 0
EINFACHER MYOGRAPH . . . . 48 fl. 00 kr.

Cet appareil écrit sur le cylindre tournant placé horizontalement comme dans la figure 14.

DIESER APPARAT SCHREIBT AUF DEN HORIZONTAL GESTELLTEN ROTIRENDEN CYLINDER, WIE DIES DIE FIGUR 14 ZEIGT.

Myographe double, ou comparatif (fig. 16). 150 00
　　Destiné à étudier simultanément l'action de deux muscles soumis à des influences différentes.

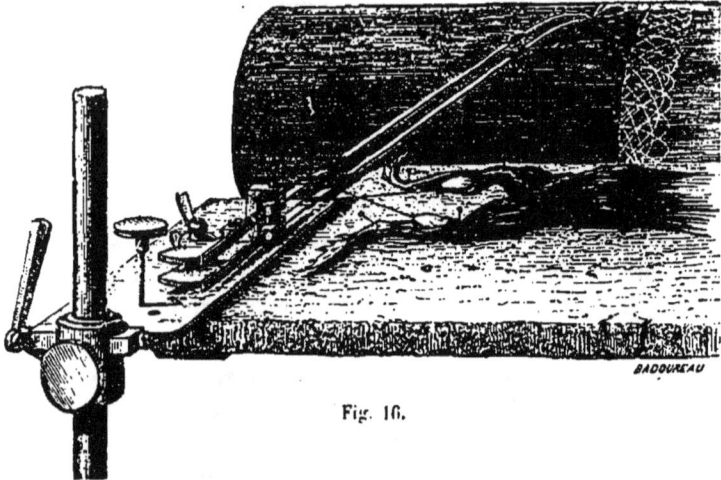

Fig. 16.

Double or comparative Myograph. . . . .   £ 5. 4. 0
DOPPELTER ODER VERGLEICHENDER MYOGRAPH. . . . .   52 fl. 00 kr.
　　DIENT ZUM GLEICHZEITIGEN STUDIUM DER WIRKUNG ZWEIER MUSKELN, DIE VERSCHIEDENEN EINFLÜSSEN UNTERWORFEN SIND.

Pince myographique, nouveau modèle. 70 00
Myographic Pincers. . . . .   £ 2. 16. 0
MYOGRAPHISCHE ZANGE. . . . .   28 fl. 00 kr.

Appareil explorateur de la respiration, nouveau modèle, transmettant les mouvements respiratoires à un tambour à levier (fig. 18 et 19). 50 00
Explorator of the respiratory motion, new model. . . . .   £ 2. 0. 0
UNTERSUCHUNGS APPARAT FÜR RESPIRATION, NEUES MODELL, WOBEI DIE ATHMUNGSBEWEGUNGEN AUF EINE HEBELTROMMEL ÜBERTRAGEN WERDEN. . . . .   20 fl. 00 kr

Stéthoscope de Kœnig, à 1 tube	12 50
— à 5 tubes.	22 50
Kœnig's Stethoscope, with one tube.	£ 0. 10. 0
— *with five tubes.*	0. 18. 0
STÉTHOSKOP VON KŒNIG MIT 1 RÖHRE	5 fl. 00 kr.
— MIT 5 RÖHRE	9 00

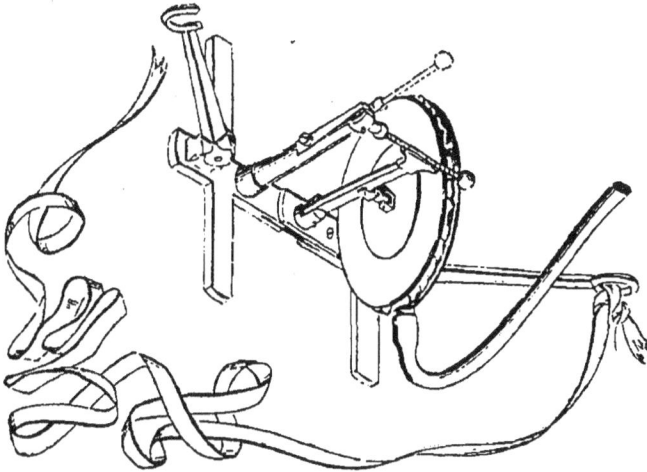

Fig. 18.

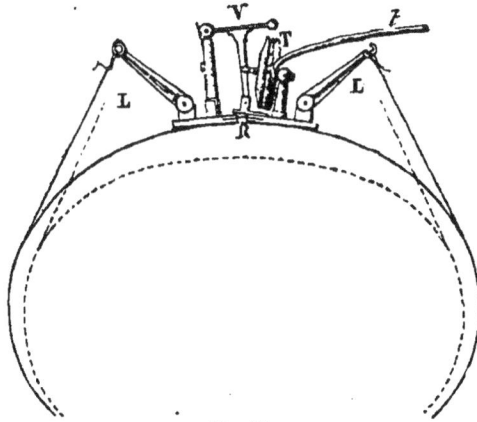

Fig. 19.

Hémodromographe à transmission directe, de Chauveau. .	300 00
Hémodromographe à transmission à distance, de Chauveau.	150 00
HEMODROMOGRAPH MIT DIRECTER ÜBERTRAGUNG, VON CHAUVEAU.	120 fl. 00 kr.
HEMODROMOGRAPH MIT ÜBERTRAGUNG IN DIE FERNE, VON CHAU-	
VEAU 60	00

Appareils pour étudier la marche de l'homme . . . .
Apparati to study the human gait . . . .
APPARATE ZUM STUDIUM DES MENSCHLICHEN GANGES. . . . . .

Appareils pour les allures du cheval 700 00
Apparati to study the horse's gait. . . . .   £ 28. 0. 0
APPARATE ZUM STUDIUM DER SCHRITTE DES PFERDES. . . . . . 280 fl. 00 kr.

Appareil pour étudier le vol des oiseaux. . . . .

BIBLIOGRAPHIE

Physiologie médicale de la circulation du sang, par le Dr MAREY. —- Paris, 1865. Adrien Delahaye, place de l'École-de-Médecine.

Sur le Pouls dans les maladies, par le Dr LORAIN. — Paris, J.-B. Baillière, 1869.

On the Use of the Sphygmograph, by BALTHAZAR FOSTER. — London, John Churchill and Sons.

Ueber den Sphygmograph von Dr Marey. —- Wunderlich (Wagner's Arch. der Heilkunde, 1861, Band II).

La Circulation du sang, dans le Dictionnaire encyclopédique des sciences médicales. Paris, Victor Masson.

Cardiographie. — Même Dictionnaire.

Pneumographie. — Journal de l'anatomie et de la physiologie. 1865. Paris.

Arterienpuls, von LANDOIS.

Les Mouvements dans les fonctions de la vie. Leçons faites au Collége de France, en 1868, par M. MAREY. — Paris, Germer-Baillière.

La Machine animale, par M. MAREY. — Paris, Germer-Baillière, 1873.

La méthode graphique et ses applications, par M. MAREY. (*Sous presse.*)

PARIS. — IMP. SIMON RAÇON ET COMP., RUE D'ERFURTH, 1.